# SACHKUNDE HUND

AF734366

## KOMMANDOS

### 'Hier'

'Hier' ist eines der Grundkommandos. Das Folgen und zu uns Kommen ist dem Hund als Rudeltier bereits angeboren. Mit wenigen Hilfsmitteln und einfachen Übungen können wir uns dies zunutze machen.

**WO LERNEN WIR?**
Das optimale Trainingsgelände ist wild- und autofrei und unserem Hund noch unbekannt.

**WAS BENÖTIGEN WIR?**
Leckerlis und ein Spielzeug, das der Hund bereits kennt.

**WIE GEHEN WIR VOR?**
Wir nehmen Blickkontakt zu unserem Hund auf, rufen dann seinen Namen und das Wort 'Hier'. Dann laufen wir zügig weg vom Hund. In der Regel wird der Hund jetzt folgen. Kommt er zu uns, wird er mit einem Leckerli belohnt und das ganze Spiel beginnt wieder von vorn. Um es interessanter zu machen, können wir häufig die Richtung wechseln und uns zwischenzeitlich zum Boden bücken. Auf diese Weise zeigen wir dem Hund, dass bei uns 'immer etwas los' ist.

**DER HUND HÖRT NICHT?**
Kommt der Hund nicht, laufen wir weiter! Der Name wird nicht noch einmal gerufen, da ihn der Hund sonst schnell als reinen Kontaktlaut einordnen würde (als würden wir den Befehl dazu nutzen, ihm unsere Position durchzugeben). Kommt der Hund weiterhin nicht, verstecken wir uns und beobachten ihn. Normalerweise ist das Verstecken ein heilsamer Schreck für den Hund, der irgendwann aufblickt und uns nicht mehr sieht. Wenn er dann suchend umherblickt, können wir seinen Namen noch einmal rufen. Jetzt wird er sicher kommen. Die Belohnung nicht vergessen!

### 'Sitz'

'Sitz' ist ein weiteres Grundkommando. Es erleichtert sehr stark das An- oder Ablegen der Leine und wird genutzt, wenn wir z.B. an einer Ampel mit dem Hund warten.

**WO LERNEN WIR?**
Zunächst lernen wir mit dem Hund an der Leine. Ein bestimmter Ort ist nicht zwingend. Am besten funktioniert das Üben jedoch, nachdem sich der Hund ausgetobt hat.

**WAS BENÖTIGEN WIR?**
Leine und Leckerlis.

**WIE GEHEN WIR VOR?**
Wir zeigen dem Hund, der neben uns steht, ein Leckerli. Das Leckerli wird dabei über den Kopf des Hundes gehalten. In korrekter Höhe gehalten, wird der Hund sich hinsetzen, um es besser fixieren zu können. Sobald er sich zu setzen beginnt, sagen wir laut und deutlich 'Sitz'. Bleibt er einen Augenblick in der Position, wird er durch Streicheln, Lob und/oder Leckerli belohnt. Beherrscht der Hund den Befehl, wird die 'Sitz'-Zeit erhöht, bevor sie durch einen anderen Befehl aufgehoben wird (z.B. Lauf, Hier, ...)

Unterstützen wir den verbalen Befehl 'Sitz' jedes Mal mit einem nach oben gerichteten Zeigefinger, so wird der Hund später auch auf den Handbefehl hin Sitz machen.

## KOMMANDOS

### 'Platz'

Mit dem 'Platz'-Befehl können wir den Hund 'Ablegen' und darüberhinaus unerwünschtes Verhalten beenden oder korrigieren. Bei 'Platz' darf weder der Liegeort verlassen, noch gebellt, gejault oder sich gewälzt werden.

**WO LERNEN WIR?**
Zum optimalen Üben brauchen wir ein Trainingsgelände, auf dem der Hund möglichst wenig abgelenkt wird. Optimalerweise ist das erste 'Austoben' beim Ausgehen bereits beendet.

**WAS BENÖTIGEN WIR?**
Leckerlis und Leine.

**WIE GEHEN WIR VOR?**

**Variante 1**
Der Hund ist an der Leine und macht neben uns 'Sitz'. Wir gehen jetzt neben ihm in die Hocke und halten seine Leine gerade nach unten gespannt vor ihm auf den Boden. Jetzt wird ein Leckerli ein Stück vor dem Hund auf den Boden gelegt. Um es zu erreichen, muss der Hund sich legen. Tut er dies, sagen wir laut und deutlich den Befehl 'Platz'. Er wird stark gelobt!!

**Variante 2**
Der Hund ist an der Leine. Wir setzen uns auf den Boden und winkeln die Beine an, sodass ein 'Tunnel' unter unseren Knien entsteht. Wir machen den Hund auf das Leckerli in unserer Hand aufmerksam und führen unsere Hand dann von der dem Hund entgegengesetzten Seite in den Tunnel. Der Hund wird sich hinlegen, um in den Tunnel zu dem Leckerli zu gelangen. Tut er dies, sagen wir laut und deutlich den Befehl 'Platz'. Er wird stark gelobt!!

**Variante 3**
Wir knien oder hocken vor dem (sitzenden) Hund und haben ein Leckerli in der Hand. Wir halten jetzt die Belohnung in der Handfläche für den Hund nicht mehr sichtbar vor seinen Kopf und gehen dann zügig mit der Hand auf den Boden vor dem Hund. Er möchte das Leckerli haben und wählt den geringsten Aufwand, indem er sich hinlegt. Tut er dies, sagen wir laut und deutlich den Befehl 'Platz'. Er wird stark gelobt (und erhält natürlich sein Leckerli)!!

### 'Fuß'

Bei 'Fuß' geht der Hund an unserer Seite. Weder zieht er vor, noch bleibt er zurück!

**WO LERNEN WIR?**
Zunächst lernen wir mit dem Hund an der Leine. Ein bestimmter Ort ist nicht zwingend.

**WAS BENÖTIGEN WIR?**
Leine.

**WIE GEHEN WIR VOR?**
Der Hund macht neben uns Sitz. Jetzt klopfen wir mit der Hand 2x an unseren Oberschenkel und gehen etwa eine Sekunde später ein paar Schritte vor. Der Hund sollte folgen. Jetzt wird wieder Sitz gemacht (Handzeichen) und die Übung wird wiederholt. Lob nicht vergessen!! Jetzt gehen wir ohne zu klopfen los. Folgt der Hund, wird dies ignoriert und wieder Sitz gemacht. Der Hund erhält nur dann ein Lob, wenn er nach dem Oberschenkelklopfen losgeht. **WICHTIG:** Wir loben ihn nicht mit Leckerlis, da es sonst eine Beziehung zwischen Futter und 'Fuß' herstellen würde. Dies ist aber nicht erwünscht.

## ZUSATZKOMMANDO

### 'Bleib'

'Bleib' ist ein Zusatzbefehl, der gern in Zusammenhang mit 'Sitz' oder 'Platz' gegeben wird. Er lässt den Hund in der vorgegebenen Position am Ort verweilen, auch wenn wir uns entfernen.

**WO LERNEN WIR?**
Zum optimalen Üben brauchen wir ein Trainingsgelände, auf dem der Hund möglichst wenig abgelenkt wird.

**WAS BENÖTIGEN WIR?**
Leckerlis und Leine.

**VORWISSEN**
Der Hund sollte die Befehle 'Sitz' und 'Platz' sicher beherrschen.

**WIE GEHEN WIR VOR?**
Dem Hund wird der Hauptbefehl 'Sitz' oder 'Platz' genannt. Sobald er ihn ausgeführt hat, folgt der Zusatzbefehl 'Bleib'. Jetzt entfernen wir uns ein paar Schritte. Bleibt der Hund sitzen (oder macht er weiterhin Platz), gehen wir wieder zu ihm und er wird belohnt. Nach und nach können die Zeiten und Entfernungen erhöht werden. Nicht mit Lob sparen!!

**DER HUND LÄUFT VORZEITIG LOS?**
Gerade zu Beginn hält der Befehl noch nicht sehr gut. Bemerken wir, wie der Hund aufstehen will, kann ihn eventuell ein klares 'Nein' noch einmal am Platz halten. Ist es bereits zu spät, wird er wieder in seine Ausgangsposition gebracht und die Übung beginnt erneut.

### 'NEIN!'

Mit dem Befehl 'Nein!' wird dem Hund etwas verboten. Dabei ist es egal, ob er die Couch verlassen soll oder ob er den Dreck am Wegesrand nicht aufnehmen soll.

**WO LERNEN WIR?**
Überall und jederzeit!

**WAS BENÖTIGEN WIR?**
Keine Ausstattung notwendig.

**WIE GEHEN WIR VOR?**
Der Befehl 'Nein!' wird geübt, wenn es notwendig ist. Er kaut unseren Schuh durch? Mit einem klaren, festen 'Nein!' wird er ihm weggenommen. Im Zusammenhang mit dem Erlernen von 'Sitz' oder 'Platz' bietet sich der Befehl 'Nein!' an, wenn der Hund seine befohlene Position vorzeitig wieder verlassen will. **WICHTIG:** Junge Hunde machen viel falsch. Damit der Hund nicht frustriert wird (weil er immer nur 'Nein!' hört), sollten wir ihn immer eine lobenswerte Handlung ausführen lassen, die dann bei Erfolg belohnt wird.

## DIE LEINE

**WIE GEHEN WIR VOR?**
Wollen wir unseren Welpen das erste Mal an die Leine nehmen, lassen wir ihn zunächst toben. Dann lassen wir ihn zu uns kommen und geben ihm ein Leckerli. Während er kaut, wird die Leine angelegt. So wird er etwas Positives mit der Leine verbinden. Bleibt der Welpe beim Gehen zurück, bleiben auch wir stehen und locken ihn erneut mit einem Leckerli.
**Übrigens:** Hat unser Welpe bereits beim Züchter ein 'Welpenhalsband' getragen, wird er sein erstes echtes Halsband schnell akzeptieren.

## TIPPS FÜR DIE AUSBILDUNG

Hunde versuchen uns zu verstehen und Sinn in unsere Handlungen hineinzudeuten. Für einen Hund ist es vollkommen unverständlich, wenn er einmal etwas darf und ein anderes Mal nicht. In seinen Augen unlogisches Verhalten muss von uns vermieden werden. Hierzu müssen vorab mit allen Familienmitgliedern Regeln und Grenzen abgesteckt werden: Darf er auf die Couch, ins Schlafzimmer, etc...

### Bla ... bla ... bla

Bla bla bla
bla bla bla sitz bla
bla bla bla bla
bla bla

Ein Befehl, den wir unserem Hund beigebracht haben, wird weder verändert, noch in lange Sätze 'eingebaut'. Hunde-Anfängern kommt es zunächst häufig unhöflich vor, einen Befehl wie z.B. 'Sitz' laut und deutlich zu sagen. Sie sagen stattdessen 'Benny, nun mach' doch mal schön Sitz'. Dann wird sich gewundert, warum der Hund den Befehl nicht ausführt. Einfache Regel: Ein Befehl - ein Wort!

### Vokabeltraining

Das Beibringen von Befehlen ist KEIN Vokabeltraining! Egal, was wir auch tun, unser Hund wird das Wort 'Platz' nie wirklich verstehen. Er kann lediglich mit dem Lautbild des Wortes eine Handlung verknüpfen. Aus diesem Grund sollten wir dafür sorgen, dass sich unsere gesprochenen Befehle gut voneinander unterscheiden lassen. Es kommt beispielsweise recht häufig zu Problemen, die Worte 'Sitz' und 'Platz' auseinanderzuhalten. Hier einige Beispiele:

- Sitz - besser: Siiiiiiitz
- Platz - normale Aussprache
- Fuß - besser: Fussssssss

### Das Rudel

Von seiner genetischen Anlage her ist ein Hund nur dann zufrieden, wenn er Kontakt mit anderen hat. Steht kein anderer Hund zur Verfügung, kann dies ersatzweise auch der Mensch (Besitzer) sein. Leider müssen viele Menschen ihre Hunde täglich für eine gewisse Zeit allein zu Hause lassen. Dieses Alleinsein weckt Urängste im Hund und kann zu Verhaltensstörungen führen (Wohnung wird zerlegt, der Hund leckt sich selbst wund, etc.). Die Zeit, in der ein Hund allein ist, sollte bei jungen Hunden 2, bei älteren Hunden 4 Stunden nicht überschreiten.

### Der Name

Wir geben unserem Hund einen Namen. Natürlich ist es ein 'cooler' Name. Viel wichtiger sollten jedoch andere Überlegungen sein, wenn es um die Namenswahl geht. So sollte sich der Name deutlich von anderen Worten abheben, die oft benutzt werden. Hinzu kommt, dass sich der Name laut rufen lassen muss, falls sich der kleine Racker einmal unerlaubt eine größere Strecke entfernt.

**Bitte immer mit viel Geduld und Belohnungen arbeiten!**

*Man kann nur sehr wenig in einen Hund hineinprügeln, aber sehr viel in ihn hineinstreicheln!*

DREIPUNKT



ISBN 978-3-86448-385-1 (2-Tafel-Set)
DREIPUNKT-VERLAG
EUR 9,95
www.dreipunkt-verlag.de
9 783864 483851

## SACHKUNDEFRAGEN Fragen 73-76

**73** F Welchen Ausdruck zeigt dieser Hund?

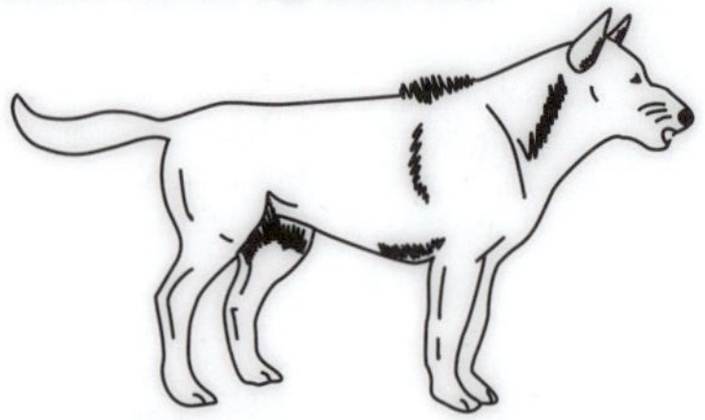

A Der Hund droht selbstsicher.

**74** F Welchen Ausdruck zeigt dieser Hund?

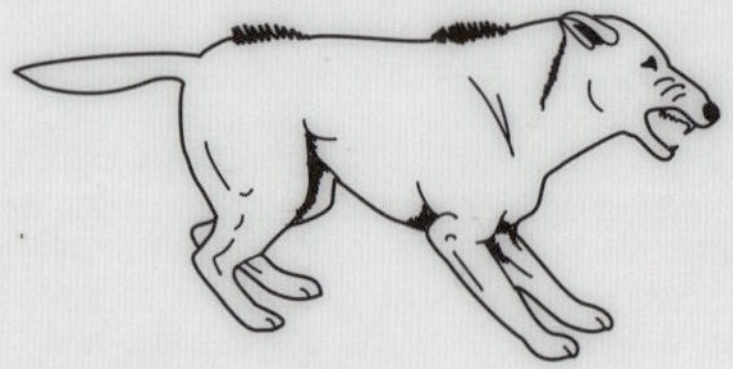

A Der Hund droht aus Unsicherheit

**75** F Welchen Ausdruck zeigt dieser Hund?

A Der Hund ist stark ängstlich.
Der Hund ist unterwürfig.

**76** F Welchen Ausdruck zeigt dieser Hund?

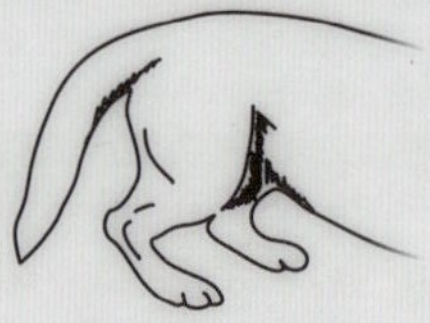

A Der Hund zeigt Beschwichtigungsverhalten.
Der Hund ist freundlich-unterwürfig.

## SACHKUNDEFRAGEN Fragen 77-80

**77** F Welchen Ausdruck zeigt dieser Hund?

A Der Hund ist neutral bis aufmerksam.

**78** F Welchen Ausdruck zeigt dieser Hund?

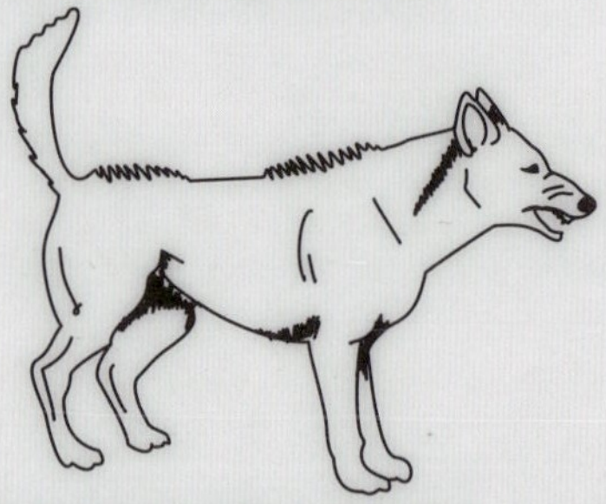

A Der Hund droht unsicher und ist erregt.

**79** F Welchen Ausdruck zeigt dieser Hund?

A Der Hund ist neutral bis aufmerksam.

**80** F Welchen Ausdruck zeigt dieser Hund?

A Der Hund ist ängstlich und unterwürfig.
Der Hund zeigt eine Unterwerfungsgeste.

## Verhalten im Umgang mit fremden Hunden

**FEHLER**
Sich über den Hund beugen und die Hand auf den Kopf des Hundes legen.

**FEHLER**
Sich über den Hund beugen und die Hand vor das Gesicht des Hundes halten.

**FEHLER**
Den Hund festhalten oder ihn umarmen.

**FEHLER**
Dem Hund in die Augen starren. Dies ist eine feindselige Geste.

**FEHLER**
Dem Hund in das Gesicht rufen oder laute Schreie von sich geben.

**FEHLER**
Den Hund am Kopf greifen und ihm einen Kuss geben.

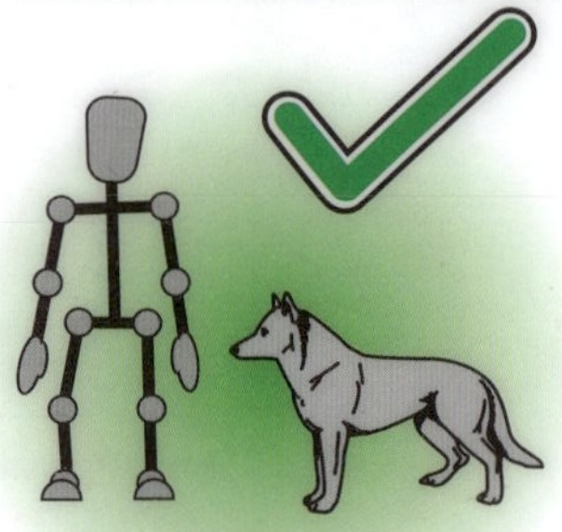

**RICHTIG**
- Kein direkter Blickkontakt
- Dem Hund die Möglichkeit geben, sich selbst anzunähern
- Mit der Seite oder dem Rücken in die Richtung des Hundes zeigen

**RICHTIG**
Den Hund an der Seite des Kopfes oder Körpers bzw. auf dem Rücken streicheln, ohne seine Beweglichkeit dabei einzuschränken.

DREIPUNKT



ISBN 978-3-86448-385-1 (2-Tafel-Set)
**DREIPUNKT-VERLAG**
**EUR 9,95**
www.dreipunkt-verlag.de